细解百姓

HOME

旺家装修

电视墙

李江军◎编著

旺家知识　160多个图文并茂的吉宅贴士

丰富案例　2000多个设计新颖的家居案例

材料注释　2000多个直观详细的材料标注

U0317005

北京科学技术出版社

图书在版编目（CIP）数据

细解百姓旺家装修．电视墙／李江军编著－北京：
北京科学技术出版社，2012.7
ISBN 978-7-5304-5852-5

Ⅰ．①细…　Ⅱ．①李…　Ⅲ．①住宅一装饰墙－室内
装修一建筑设计一图集　Ⅳ．①TU767-64

中国版本图书馆CIP数据核字（2012）第077175号

细解百姓旺家装修．电视墙

作　　者：李江军　　责任编辑：李　媛
版式设计：宜家文化　　责任印制：张　良
出 版 人：张敬德　　出版发行：北京科学技术出版社
社　　址：北京西直门南大街16号　　邮政编码：100035
电　　话：0086-10-66161951（总编室）　0086-10-66113227（发行部）　0086-10-66161952（发行部传真）
电子信箱：bjkjpress@163.com　　网　　址：www.bkjpress.com
经　　销：新华书店　　印　　刷：北京宝隆世纪印刷有限公司
开　　本：635mm×965mm　1/12　　印　　张：8
版　　次：2012年7月第1版　　印　　次：2012年7月第1次印刷
ISBN 978-7-5304-5852-5/T・687

定价：26.00元

细解百姓旺家装修

电视墙

目录

CONTENTS

电视墙宜采用圆形、弧形或平直无棱角线形为主的造型

电视墙是整个家中的焦点，蕴含美好寓意的电视墙会对家运起到很好的促进效果。通常，以圆形、弧形或平直无棱角的线形为主的造型非常适合用于电视背景墙，因为它蕴涵着圆融美满、和睦幸福、生生不息之意。

◎电视墙宜采用弧形的造型

◎电视墙宜采用圆形的造型

值得借鉴的旺家案例

◎电视墙 / 墙纸 + 杉木板凹凸背景刷白 + 茶镜拼菱形

◎电视墙 / 洞石凹凸铺贴

◎电视墙 / 墙纸 + 灰镜 + 装饰搁板

◎电视墙 / 布艺软包 + 装饰铆钉

◎电视墙 / 彩色乳胶漆 + 艺术彩绘

◎电视墙 / 白色乳胶漆 + 墙贴

◎电视墙 / 墙纸 + 装饰方柱

◎电视墙 / 布艺软包 + 金色不锈钢装饰扣条 + 啡网纹大理石壁炉

电视墙不宜采用有尖角或凸出的造型

电视背景墙的造型要避免有尖角、凸出的设计，如三角形。以防止对心理产生刺激的反作用，导致精神紧张、心神不宁等不愉快情绪。此外，也尽量不要对背景墙进行毫无意义的杂乱分割，否则会形成破碎的感觉，对家人易形成心理暗示。

◎电视墙不宜采用有尖角的造型（1）

◎电视墙不宜采用有尖角的造型（2）

◎电视墙不宜凌乱分割（1）

◎电视墙不宜凌乱分割（2）

◎电视墙 / 砂岩浮雕 + 洞石 + 木花格贴银镜 + 印花玻璃

◎电视墙 / 皮纹砖 + 茶镜

◎电视墙 / 石膏板拓黑缝 + 墙纸

◎电视墙 / 红砖勾白缝 + 银镜

◎电视墙 / 灰色乳胶漆 + 石膏板 + 水曲柳木饰面板套色

◎电视墙 / 木线条密排 + 米黄大理石

◎电视墙 / 爵士白大理石 + 墙纸 + 实木线装饰套

◎电视墙 / 墙纸 + 黑镜 + 装饰搁板

◎电视墙 / 仿古砖 + 爵士白大理石 + 灰镜

◎电视墙 / 洞石 + 茶镜 + 木饰面板抽缝

◎电视墙 / 洞石斜铺 + 木线条刷白

◎电视墙 / 米黄大理石 + 木线条密排 + 墙纸

电视墙不宜处于开窗的墙面上或面对窗户

电视背景墙应选择一面完整而稳定的墙体，处于开窗的墙面上或面对着窗户都不太合适，这样不仅会因光线的照射对人眼视力造成伤害，而且电视背后的开窗形成了一种空荡荡的散泄之局，不稳定也不聚气，难以达成旺家的格局。

◎电视墙不宜正对窗户

◎电视墙不宜处在开窗的墙面上

值得借鉴的旺家案例

◎电视墙 / 彩色乳胶漆

◎电视墙 / 石膏板勾缝 + 墙纸

◎电视墙 / 墙纸 + 灯带

◎电视墙 / 墙纸 + 木饰面板

◎电视墙 / 木纹大理石拉缝 + 密度板雕花刷白贴银镜

◎电视墙 / 墙纸 + 彩色乳胶漆 + 装饰搁板

◎电视墙 / 皮纹砖 + 银镜磨花

◎电视墙 / 不锈钢装饰条扣墙纸

电视墙面积不宜过大或过小

电视墙的面积大小和室内整个空间的比例要协调，过大过小都会造成不平衡感，同时还要考虑从室内不同角度看上去的视觉效果。有些业主为了追求大气的效果，在不大的空间里把电视墙设计得又大又复杂，显得极不协调；有的客厅较大，却将电视墙设计得过于窄小，会让空间变得非常小气和突兀。

◎电视墙面积不宜过大

◎电视墙面积不宜过小

值得借鉴的旺家案例

◎电视墙 / 墙纸 + 木饰面板装饰框刷白

◎电视墙 / 墙纸 + 黑色烤漆玻璃 + 木线条刷白

◎电视墙 / 洞石 + 木网格刷白贴银镜 + 实木线装饰套刷白

◎电视墙 / 墙纸 + 茶镜雕花

◎电视墙 / 墙纸 + 镂空木雕 + 木饰面板

◎电视墙 / 不锈钢装饰条扣皮质软包

◎电视墙 / 墙纸 + 白色乳胶漆

◎电视墙 / 墙砖 + 墙纸 + 灯带

◎电视墙 / 墙纸 + 布艺软包

◎电视墙 / 大花白大理石 + 密度板雕花刷白贴墙纸

◎电视墙 / 弹涂 + 墙纸 + 红砖勾白缝

◎电视墙 / 墙纸 + 石膏板造型

◎电视墙 / 墙纸 + 大理石线条 + 马赛克拼花 + 大理石装饰框

◎电视墙 / 墙纸 + 墙贴 + 装饰搁板 + 墙面柜

电视墙的高宽比宜符合视觉规律

如果想通过视觉设计调整层高过高或过低的话，可以有意识的将电视墙的高宽比进行符合视觉规律的设计，例如，让电视墙的宽度大于高度或者选择横条纹装饰会有横向延伸的感觉，给人拉宽、舒展的视觉效果；如果需要空间有高度感，可以让电视墙的高大于宽或者选择竖条纹的装饰，则会有竖向延伸的效果，增加空间的高度感。

◎层高偏矮的客厅宜用竖条纹装饰电视墙

◎层高过高的客厅宜用横条纹装饰电视墙

值得借鉴的旺家案例

◎电视墙 / 石膏板雕刻 + 艺术彩绘 + 茶镜

◎电视墙 / 布艺软包 + 茶镜

◎电视墙 / 彩色乳胶漆 + 石膏板造型 + 装饰搁板

◎电视墙 / 洞石 + 砂岩浮雕 + 银镜雕花 + 木饰面板拼花

◎电视墙 / 墙纸 + 装饰柜刷白嵌灰镜

◎电视墙 / 杉木板凹凸背景刷白

◎电视墙 / 爵士白大理石 + 墙纸 + 木线条凹凸背景

◎电视墙 / 墙纸 + 彩色乳胶漆 + 茶镜

电视墙不宜采用圆拱形的造型

如果家中有比较重视传统观念的老人，电视墙最好不要出现圆形拱门的设计。因为在传统文化中，墓碑也同样采用小拱门的形式。老人在观看电视时，难免会产生不好的心理联想，长久以往，甚至会因此影响他们的身体健康。

◎电视墙不宜采用圆拱形的造型（1）

◎电视墙不宜采用圆拱形的造型（2）

值得借鉴的旺家案例

◎电视墙 / 墙纸 + 壁龛造型

◎电视墙 / 墙纸 + 彩色乳胶漆 + 黑镜 + 装饰搁板

◎电视墙 / 米黄大理石凹凸铺贴 + 木线条收口 + 啡网纹大理石装饰框

◎电视墙 / 布艺软包 + 茶镜雕花 + 大理石线条收口

◎电视墙 / 皮纹砖 + 茶镜 + 木线条收口

电视墙造型不宜过于平坦光滑

如果电视墙过于平坦光滑，声音就会在接触光滑的墙壁时产生回声，从而增加噪声的音量。因此，应选用壁纸、软包等吸音效果较好的装饰材料，另外，还可利用文化石、浮雕等装修材料，将墙壁表面弄得粗糙一些，使声波产生多次折射，从而削弱噪音。

◎电视墙造型不宜过于平坦光滑

◎电视墙宜用吸音效果好的装饰材料

值得借鉴的旺家案例

◎电视墙 / 布艺软包 + 茶镜雕花 + 实木线装饰套刷白

◎电视墙 / 木地板上墙

◎电视墙 / 布艺软包 + 茶镜雕花 + 大理石线条收口

◎电视墙 / 石膏板拓缝 + 银镜 + 墙面柜嵌银镜

◎电视墙 / 墙纸 + 装饰搁板

◎电视墙 / 墙纸

◎电视墙 / 布艺软包 + 黑镜雕花 + 实木线装饰套刷白

◎电视墙 / 石膏板拓缝 + 灰镜雕花

◎电视墙 / 水曲柳木饰面板套色

◎电视墙 / 石膏板凹凸背景 + 黑镜

◎电视墙 / 墙纸 + 壁龛造型

◎电视墙 / 墙纸 + 石膏板拓缝 + 灰镜

◎电视墙 / 文化石 + 茶镜 + 木线条刷白

◎电视墙 / 墙纸 + 银镜雕花 + 彩色乳胶漆 + 木线条收口

◎电视墙 / 墙纸 + 木纹大理石 + 木线条收口

◎电视墙 / 仿古砖斜铺 + 布艺软包 + 实木线装饰套刷白

◎电视墙 / 墙纸 + 木饰面板凹凸背景刷白 + 大理石装饰框

电视墙不宜使用大面积玻璃材料

通透的玻璃总给人以易碎的感觉，而且破碎的玻璃会对人身构成威胁，因此电视墙大面积地使用玻璃材料进行装饰，容易让人一直处于担心忧虑之中，强烈的不安全感自然不利于身心健康，这种不稳定感也会潜移默化地对整体家运产生不利影响。

◎电视墙不宜大面积使用玻璃材料（1）

◎电视墙不宜大面积使用玻璃材料（2）

值得借鉴的旺家案例

◎电视墙 / 石膏板造型 + 壁龛

◎电视墙 / 布艺软包 + 密度板雕花刷白

◎电视墙 / 皮质软包 + 墙纸 + 木饰面板

◎电视墙 / 木线条密排 + 爵士白大理石

◎电视墙 / 墙纸 + 银镜

◎电视墙 / 墙纸 + 金色镜面玻璃

◎电视墙 / 米黄大理石 + 黑镜

◎电视墙 / 墙纸 + 木饰面板

◎电视墙 / 墙纸 + 灯柱

◎电视墙 / 墙纸

◎电视墙 / 杉木板凹凸背景刷白 + 灰镜

◎电视墙 / 墙纸 + 灰镜雕树枝图案 + 水泥烧结板

◎电视墙 / 墙纸 + 银镜雕花 + 不锈钢装饰扣条

◎电视墙 / 砂岩 + 石膏板 + 灯带

电视墙不宜出现过多的金属材料

金属材料适当加工后具有非常个性的时尚表现力，是不少年轻业主热衷的装修材料。但这类材料需把握好用量，否则容易产生冷冰冰的感觉，影响客厅热闹活跃的气氛。另外，大量的金属处在一个空间里，其磁场会很强，且不同种类磁场还不同，这样的紊乱情况会对人体磁场和环境磁场造成干扰，影响身体健康的同时还有可能带来不好的运势。

◎电视墙不宜大面积使用金属材料（1）

◎电视墙不宜大面积使用金属材料（2）

值得借鉴的旺家案例

◎电视墙 / 洞石 + 红色烤漆玻璃 + 墙纸

◎申视墙 / 艺术马赛克 + 墙面肌理 + 夹丝玻璃

◎电视墙 / 墙纸 + 石膏板拓缝 + 灯带

◎电视墙 / 墙纸 + 石膏板造型 + 灯带

◎电视墙 / 布艺软包 + 不锈钢装饰扣条 + 木线条收口

◎电视墙 / 墙纸 + 石膏板造型 + 灯带

◎电视墙 / 彩色乳胶漆 + 墙贴 + 马赛克 + 装饰搁板

◎电视墙 / 墙纸

电视墙宜采用文化石装饰

客厅电视墙是运用文化石装饰最多的地方，首先它不易风化和具有很强的吸收噪声的功能，能为主人带来很好的视听效果，同时也为主客交流提供静雅的氛围，营造良好的人际关系；其次其浓烈的天然气息、质朴清新的感觉也能在无形中促进家人的身体健康，如此一来，自然家道兴旺。

◎电视墙宜采用文化石装饰（1）

◎电视墙宜采用文化石装饰（2）

值得借鉴的旺家案例

◎电视墙 / 密度板雕花刷白贴红色烤漆玻璃

◎电视墙 / 砂岩浮雕 + 木花格刷白贴茶镜 + 砂岩

◎电视墙 / 布艺软包 + 黑镜 + 不锈钢包边 + 密度板雕刻刷白 + 大理石装饰框

◎电视墙 / 石膏板嵌圆形银镜 + 密度板雕刻刷白

◎电视墙 / 灰色乳胶漆 + 装饰搁板刷红漆

◎电视墙 / 米黄大理石 + 墙纸 + 实木线装饰套刷白

◎电视墙 / 木饰面板凹凸背景刷白 + 墙纸 + 灯带

◎电视墙 / 墙纸 + 石膏板造型

◎电视墙 / 青砖勾白缝 + 墙纸

◎电视墙 / 米黄大理石 + 木花格贴银镜 + 实木线装饰套

◎电视墙 / 大花白大理石 + 弹涂 + 银镜

◎电视墙 / 石膏板 + 墙纸 + 墙贴

◎电视墙 / 彩色乳胶漆 + 墙贴 + 石膏板拓缝

◎电视墙 / 墙纸 + 实木线装饰套

电视墙忌电线外露

电视墙的线路会比较多，如果把电线都露在外面，不仅会显得凌乱不堪，破坏客厅的美观，进而影响宅运。而且如果电线外皮破裂，还非常容易发生触电事故，因此最好是把这些线路隐藏式处理或整理整齐。

◎电视墙的线路宜隐藏式处理

◎电视墙忌电线外露

值得借鉴的旺家案例

◎电视墙 / 灰镜 + 墙纸

◎电视墙 / 大花白大理石 + 墙纸 + 密度板雕花刷白

◎电视墙 / 墙纸 + 马赛克 + 灰镜倒角

◎电视墙 / 石膏板拓缝 + 马赛克 + 墙纸 + 实木线装饰套刷白

◎电视墙 / 墙纸 + 密度板雕刻造型

◎电视墙 / 黑镜拼菱形 + 墙纸 + 波浪板

◎电视墙 / 布艺软包 + 木线条收口

◎电视墙 / 洞石斜铺 + 墙纸 + 墙面凹槽嵌黑镜

电视墙进深不宜过大或过小

一般来说，电视墙到沙发以 3 米左右的距离最合适，这样的位置正适合人眼观看，进深过大或过小都会造成视觉疲劳。如果电视墙进深大于 3 米，那么在设计时，电视墙的宽度要尽量大于进深，造成进深缩短的视觉效果。此时墙面装饰应该丰富一些，这样才能在整个视觉上显得更饱满而不空旷。简单的方法就是用壁纸、或不同颜色的彩漆修饰电视墙，还可以在这些底色的基础上再装饰一些小画框。

如果客厅比较窄，电视墙到沙发距离不足 3 米，那么设计电视墙的时候就要注意要做到对空间有扩展的感觉。例如可以尝试在墙上钉搁板，或者是书架，都有不错的装饰和实用功能。它们会分散注意力，进而感觉电视墙被往后推了。

◎客厅进深不足宜在电视墙上钉搁架

◎客厅进深过大宜把电视墙装饰得丰富饱满

值得借鉴的旺家案例

◎电视墙 / 墙布 + 墙纸

◎电视墙 / 木饰面板 + 木格栅

◎电视墙 / 雕花玻璃 + 装饰方柱

◎电视墙 / 布艺软包 + 墙纸

◎电视墙 / 彩色乳胶漆 + 密度板雕圈形

◎电视墙 / 墙纸 + 茶镜倒角 + 实木线装饰套

◎电视墙 / 墙纸 + 木花格

◎电视墙 / 布艺软包 + 黑色烤漆玻璃

◎电视墙 / 杉木板凹凸背景刷白 + 墙纸

◎电视墙 / 墙纸 + 灰色乳胶漆 + 木线条收口 + 密度板雕花刷白

◎电视墙 / 石膏板造型 + 黑色烤漆玻璃

◎电视墙 / 皮纹砖斜铺 + 灰镜

◎电视墙 / 墙纸 + 墙贴 + 密度板雕刻刷白贴灰镜

◎电视墙 / 彩色乳胶漆 + 灰镜雕花 + 装饰搁架

大客厅的电视墙宜适当分隔

有的客厅很大，墙面也很宽，如果将整面墙设计成电视墙往往不太合适，此时，可以适当对该墙体进行一些几何分隔，起到划分墙面不同功能区域的作用。比如一部分处理成电视墙，其他墙面则用于收纳书籍、装饰品等。此外，合理的分隔能从平整的墙面中塑造出立体的空间层次，起到点缀、修饰的作用，也不乏为一种装饰妙招。

◎大客厅的电视墙宜适当分隔（1）

◎大客厅的电视墙宜适当分隔（2）

值得借鉴的旺家案例

◎电视墙 / 墙纸 + 木饰面板

◎电视墙 / 木线条密排 + 彩色乳胶漆 + 装饰搁板

◎电视墙 / 石膏板造型 + 墙纸 + 茶镜

◎电视墙 / 彩色乳胶漆 + 墙贴 + 墙纸 + 密度板雕花刷白

◎电视墙 / 石膏板拓缝 + 彩色乳胶漆

◎电视墙 / 洞石斜铺 + 墙纸 + 实木线装饰套

◎电视墙 / 墙纸 + 木线条刷白

◎电视墙 / 彩色乳胶漆 + 装饰搁架

◎电视墙 / 布艺硬包 + 木线条包边 + 墙纸 + 黑镜

◎电视墙 / 墙纸 + 装饰搁架

◎电视墙 / 彩色乳胶漆 + 墙贴 + 密度板雕花刷白贴金色镜面玻璃

◎电视墙 / 木饰面板凹凸背景 + 墙纸

◎电视墙 / 洞石 + 茶镜

◎电视墙 / 洞石 + 中式木花格贴茶镜

◎电视墙 / 墙纸 + 中式木花格

◎电视墙 / 中式木花格 + 墙纸 + 实木线装饰套

◎电视墙 / 真丝手绘墙纸 + 青砖 + 木花格

小客厅的电视墙面积不宜过大

小客厅的电视墙面积不宜过大，颜色以深浅适中、略显灰色为宜，这样能让客厅空间显得更开阔些。此外，面积小通常进深也比较小，时间一长眼睛容易疲劳，可以通过在电视墙的两侧上设计背光，以此缓解电视对眼睛的伤害，还能使电视背景墙更具艺术感染力。在材质选择方面，那些太过毛糙或厚重的石材应该尽量避免，而在局部使用镜子却会给空间带来扩大视野的效果，但要注意镜子的面积不宜过大，否则会给人眼花缭乱的感觉。另外，壁纸材料也最好选用纯色或浅色底带小图案的类型，避免深色或大图案色彩浓烈的壁纸。

◎小客厅的电视墙面积不宜过大（1）

◎小客厅的电视墙面积不宜过大（2）

值得借鉴的旺家案例

◎电视墙 / 墙纸 + 木线条收口

◎电视墙 / 皮纹砖 + 茶镜 + 木饰面板装饰框刷白

◎电视墙 / 墙纸 + 茶镜 + 木线条收口 + 洞石

◎电视墙 / 墙纸 + 木饰面板 + 金色镜面玻璃

◎电视墙 / 墙纸 + 石膏板造型 + 装饰搁架

电视墙的色彩不宜过深

电视墙如果采用过深或过于浓郁的颜色，会使客厅空间有压缩感，久处其中，容易使人心情烦闷，而且不愉快时看到深色只会让人更压抑。建议电视墙的颜色尽量选择使人心情放松、愉悦的颜色，如米色、黄色系等。

◎电视墙的色彩不宜过深（1）

◎电视墙的色彩不宜过深（2）

值得借鉴的旺家案例

◎电视墙 / 墙纸 + 不锈钢装饰造型 + 灰镜 + 装饰搁板

◎电视墙 / 布艺软包 + 木线条收口 + 灰镜

◎电视墙 / 墙纸 + 石膏板拓缝 + 木线条刷白

◎电视墙 / 皮质软包 + 木线条包边

◎电视墙 / 墙纸 + 石膏板造型

◎电视墙 / 墙纸 + 银镜 + 石膏板造型

◎电视墙 / 墙纸 + 石膏板 + 装饰搁板

◎电视墙 / 墙纸 + 密度板雕花刷白

◎电视墙 / 木纹大理石 + 水曲柳木饰面板套色

◎电视墙 / 墙纸 + 彩色乳胶漆 + 木线条凹凸背景刷白 + 装饰搁板

◎电视墙 / 仿古砖 + 石膏板拓缝 + 木地板上墙

◎电视墙 / 石膏板拓缝 + 黑色烤漆玻璃

◎电视墙 / 木线条密排 + 墙纸 + 实木线装饰套刷白

◎电视墙 / 仿古砖 + 墙纸 + 实木线装饰套刷白 + 不锈钢装饰造型

◎电视墙 / 墙纸 + 石膏板雕花

◎电视墙 / 墙纸 + 皮纹砖

◎电视墙 / 仿古砖 + 茶镜 + 装饰搁板

电视墙的色彩忌过于杂乱

◎电视墙的色彩忌过于杂乱（1）

电视墙的色彩不要一味追求丰富，也不要采用过于鲜艳的色彩或过于复杂的图案，这样容易显得零乱，造成视觉疲劳、心情烦躁，时间长了会影响家人的身心健康。此外，电视墙面的色彩还需要与家具、沙发背景墙以及地面协调搭配起来。

◎电视墙的色彩忌过于杂乱（2）

◎电视墙的色彩忌过于杂乱（3）

◎电视墙 / 金属马赛克 + 墙纸 + 木线条收口

◎电视墙 / 石膏板造型 + 马赛克 + 烤漆玻璃倒角

◎电视墙 / 啡网纹大理石斜铺 + 茶镜 + 墙纸

◎电视墙 / 艺术墙砖 + 木线条收口 + 墙纸

◎电视墙 / 木纹大理石 + 马赛克 + 茶镜雕花

◎电视墙 / 墙纸 + 金属马赛克 + 实木线装饰套刷白

◎电视墙 / 洞石 + 夹丝玻璃

◎电视墙 / 石膏板雕刻 + 艺术彩绘

◎电视墙 / 彩色乳胶漆 + 石膏板造型

◎电视墙 / 石膏板造型拓缝 + 灰镜

◎电视墙 / 艺术彩绘 + 黑镜雕花 + 装饰搁板

◎电视墙 / 艺术墙砖 + 实木线装饰套

◎电视墙 / 石膏板拓缝 + 木花格 + 墙纸 + 灯带

◎电视墙 / 啡网纹大理石 + 拼花马赛克

◎电视墙 / 木线条凹凸背景刷白 + 墙纸 + 灯带

朝东的客厅电视墙宜用米黄色

客厅采光的方向与电视墙颜色的搭配之间有一些讲究。如果客厅窗口向东，来自东面的晨光清新自然，比较有生机活力，电视墙的颜色就最好用黄色或者米黄色等稳定的颜色来布置，将这种感染力传递给每一个家人，从一天的开始就带来好心情和好运气。颜色深浅的选择，可随业主根据自己的喜好来定。

◎朝东的客厅电视墙宜用米黄色（1）

◎朝东的客厅电视墙宜用米黄色（2）

值得借鉴的旺家案例

◎电视墙 / 墙纸 + 密度板雕花刷白

◎电视墙 / 石膏板拓黑缝 + 金属马赛克

◎电视墙 / 墙纸 + 密度板雕花刷白贴银镜

◎电视墙 / 木饰面板 + 银镜 + 艺术玻璃 + 不锈钢包边

◎电视墙 / 墙纸 + 洞石 + 灰镜 + 实木线装饰套

朝南的客厅电视墙宜用冷色

如果客厅的窗口向南，南边进来的阳光是比较充足的，此时电视墙不适合使用橘色、大红等饱满的暖色调，否则会造成情绪不宁的浮躁感觉。可以选择一些冷色调装饰，比如浅灰、浅紫、浅绿、浅蓝等，可以有效地消减燥热的火气，让人感觉舒适、清爽。

◎朝南的客厅电视墙宜用冷色（1）

◎朝南的客厅电视墙宜用冷色（2）

值得借鉴的旺家案例

◎电视墙 / 彩色乳胶漆 + 墙面柜

◎电视墙 / 石膏板拓缝 + 木饰面板抽缝 + 灯带

◎电视墙 / 真丝手绘墙纸 + 木花格贴茶镜 + 仿古砖

◎电视墙 / 镂空木雕屏风

◎电视墙 / 石膏板 + 仿古砖 + 黑镜雕花

◎电视墙 / 墙纸 + 金属马赛克 + 石膏板造型

◎电视墙 / 墙纸 + 艺术墙砖 + 密度板雕刻刷白

◎电视墙 / 墙纸 + 密度板雕刻刷白 + 马赛克

◎电视墙 / 墙纸 + 马赛克 + 彩色乳胶漆 + 实木线装饰套刷白

◎电视墙 / 墙纸 + 茶镜 + 银镜磨花

◎电视墙 / 石膏板拓缝 + 艺术墙砖

◎电视墙 / 石膏板造型 + 墙纸 + 密度板雕刻刷白

◎电视墙 / 木格栅刷白

◎电视墙 / 墙砖 + 密度板雕刻刷白贴灰镜

◎电视墙 / 墙纸 + 墙砖 + 不锈钢装饰扣条 + 木线条收口

◎电视墙 / 墙纸 + 皮纹砖 + 不锈钢装饰扣条

◎电视墙 / 皮纹砖 + 墙纸 + 木线条收口

朝西的客厅电视墙宜用绿色

如果客厅的窗户在西面，下午夕照的阳光比较强烈，尤其是夏季，光线刺眼，酷热难当。电视墙建议用绿色调为主色，与所接触到的黄昏光线，正好形成反差，起到平衡的作用。

◎朝西的客厅电视墙宜用绿色（1）

◎朝西的客厅电视墙宜用绿色（2）

值得借鉴的旺家案例

◎电视墙 / 墙纸 + 石膏板造型

◎电视墙 / 彩色乳胶漆 + 密度板雕圈形

◎电视墙 / 杉木板凹凸背景刷白

◎电视墙 / 米黄大理石 + 马赛克

◎电视墙 / 马赛克 + 茶镜雕花

朝北的客厅电视墙宜用暖色

如果客厅的窗户向北，来自北面的气流会比较寒冷，建议电视墙用淡红、奶黄、浅橙、浅咖啡等颜色，会给人一种比较温暖、热情的感觉，化解阴冷的不利影响，身处其中让人心态平和。要注意，过深或过浅淡的颜色会加剧寒冷感，不适用于这种窗口朝北的客厅。

◎朝北的客厅电视墙宜用暖色（1）

◎朝北的客厅电视墙宜用暖色（2）

值得借鉴的旺家案例

◎电视墙 / 墙纸 + 灰镜雕花 + 装饰搁板

◎电视墙 / 墙纸 + 密度板雕刻刷白贴茶镜 + 装饰搁板

◎电视墙 / 皮质软包 + 灰镜倒角 + 不锈钢装饰扣条

◎电视墙 / 皮纹砖 + 黑镜 + 墙纸

◎电视墙 / 布艺软包 + 金属马赛克 + 木饰面板凹凸背景刷白

◎电视墙 / 杉木板背景 + 墙纸 + 装饰搁架

◎电视墙 / 彩色乳胶漆 + 墙贴

◎电视墙 / 墙纸 + 密度板雕花刷白 + 黑镜倒角

◎电视墙 / 皮纹砖 + 密度板雕回纹线条刷白 + 中式木雕挂件

◎电视墙 / 墙纸 + 密度板雕刻刷白贴银镜

◎电视墙 / 木纹大理石 + 密度板雕刻刷白贴茶镜

◎电视墙 / 杉木板凹凸背景刷白

◎电视墙 / 墙纸 + 金属马赛克

◎电视墙 / 木纹大理石 + 木花格贴灰镜 + 银镜倒角

◎电视墙 / 墙纸 + 艺术彩绘 + 马赛克

◎电视墙 / 墙纸 + 彩色乳胶漆 + 密度板雕花刷白

◎电视墙 / 墙砖 + 茶镜

电视柜的大小宜适中

电视柜尺寸一般是由客厅空间的大小来决定的，大厅宜用较高较长的电视柜，而小厅则用较矮较短的电视柜，总体原则是大小适中，与整个空间协调相融。如果采用的是高大的电视柜，可以在上面摆设一些饰物，来美化视觉效果；而低矮的组合柜，在墙上挂些字画装饰，让意境更为深远也很不错。但要注意在选择这些饰物及字画时必须谨慎，以寓意吉祥为首选。

◎电视柜的大小宜适中（1）

◎电视柜的大小宜适中（2）

值得借鉴的旺家案例

◎电视墙 / 皮纹砖 + 金属马赛克 + 不锈钢装饰扣条

◎电视墙 / 木饰面板拼花 + 茶镜

◎电视墙 / 墙纸 + 杉木板凹凸背景刷白 + 装饰柜

◎电视墙 / 杉木板凹凸背景刷白 + 灰镜

◎电视墙 / 彩色乳胶漆 + 成品装饰柜

◎电视墙 / 木饰面板 + 银镜

◎电视墙 / 布艺软包 + 墙砖 + 不锈钢装饰扣条

◎电视墙 / 石膏板 + 墙纸 + 装饰搁架

◎电视墙 / 木纹大理石 + 木线条密排

◎电视墙 / 金色镜面玻璃 + 白色乳胶漆 + 装饰搁板

◎电视墙 / 墙纸 + 装饰搁板

◎电视墙 / 水曲柳木饰面板套色 + 墙纸

◎电视墙 / 红砖勾白缝 + 石膏板造型 + 密度板雕花刷白

◎电视墙 / 布艺软包 + 实木线装饰套 + 黑镜雕花

◎电视墙 / 墙纸 + 木线条密排 + 啡网纹大理石

◎电视墙 / 石膏板 + 黑镜

◎电视墙 / 石膏板勾缝 + 金属马赛克 + 黑镜 + 装饰方柱刷白

电视柜不宜过长

电视柜的长度应该结合客厅空间的具体情况确定，同时也要注意不要为了追求气派或收纳更多的物品，采用过长的设计，这样既会造成空间的浪费，也会给生活带来不便。一般电视柜比电视长 2/3，高度在 40 厘米到 60 厘米之间。

◎电视柜不宜过长（1）

◎电视柜不宜过长（2）

值得借鉴的旺家案例

◎电视墙 / 艺术砖 + 木纹大理石

◎电视墙 / 布艺软包

◎电视墙 / 书法墙纸 + 仿古砖 + 木花格 + 木雕挂件

◎电视墙 / 木纹砖 + 木雕 + 墙纸 + 中式木雕

◎电视墙 / 墙纸 + 大理石装饰框 + 啡网纹大理石斜铺

◎电视墙 / 彩色乳胶漆 + 米黄大理石 + 大理石线条收口

电视墙上安装悬空电视柜宜注意牢固

电视墙上安装悬空的电视柜看上去会显得十分灵动，所以也常被应用在现代风格的装修中。但是施工时一定要注意牢固，不然时间久了会向下弯曲。电视柜的层板最好选用双层木工板，然后先在原墙面钉两层木工板，再用 8 寸的大钉子把电视柜的层板固定在上面，这样做好以后才比较稳妥。

◎电视墙上安装悬空电视柜宜注意牢固（1）

◎电视墙上安装悬空电视柜宜注意牢固（2）

值得借鉴的旺家案例

◎电视墙 / 艺术砖 + 彩色乳胶漆 + 装饰搁板

◎电视墙 / 墙纸 + 木线条收口 + 银镜

◎电视墙 / 木线条密排 + 装饰搁板

◎电视墙 / 洞石 + 大理石回纹线条雕刻 + 木花格贴墙纸

◎电视墙 / 木饰面板拼花 + 米黄大理石 + 木线条凹凸背景

◎电视墙 / 仿古砖 + 茶镜 + 木线条密排 + 木饰面板

◎电视墙 / 木花格贴真丝手绘墙纸

◎电视墙 / 仿古砖 + 墙纸 + 木饰面板

◎电视墙 / 爵士白大理石 + 灰色乳胶漆 + 木线条收口

◎电视墙 / 墙纸 + 壁龛造型

◎电视墙 / 米黄大理石 + 密度板雕刻刷白贴茶镜

◎电视墙 / 皮纹砖 + 金属马赛克 + 墙纸 + 实木线装饰套刷白

◎电视墙 / 墙纸 + 密度板雕刻造型嵌银镜

◎电视墙 / 墙纸 + 皮纹砖

◎电视墙 / 水曲柳木饰面板套色 + 墙贴 + 灰镜

◎电视墙 / 墙纸 + 木花格刷白贴茶镜

◎电视墙 / 木饰面板凹凸背景 + 墙纸

小客厅不宜摆设到顶的电视柜

如果客厅面积较小，却摆放一个高大的电视柜在其中，难免会感觉压抑憋闷，此时，半高身柜是个不错的选择。让柜顶与屋顶保持 65 厘米左右的距离，这样不仅让整个布局结构变得灵活起来，而且有留出的空间作为缓冲，客厅气流就会通畅不受阻塞，利于旺家。

如果在小厅中必须采用到顶的高身柜，那么改用中空的高身柜也不失为灵活变通的处理方法。它虽然高及屋顶，但因中间有相当大的一片空白，也不会觉得挤塞，从而减少了压迫感。

◎小客厅宜摆设中空的高身柜

◎小客厅宜摆设半高身组合柜

值得借鉴的旺家案例

◎电视墙 / 石膏板拓缝 + 灰镜 + 灰色乳胶漆

◎电视墙 / 石膏板造型 + 弹涂 + 灯带

◎电视墙 / 米黄大理石凹凸铺贴 + 灰镜

◎电视墙 / 大花白大理石 + 木花格 + 墙纸 + 灯带

◎电视墙 / 米黄大理石斜铺 + 墙纸 + 大理石装饰框

◎电视墙 / 墙纸 + 石膏板拓缝 + 木饰面板装饰框刷白

◎电视墙 / 墙纸 + 黑镜雕花

◎电视墙 / 大花白大理石 + 皮质软包 + 实木线装饰套

电视机宜摆在正对沙发的方位

电视机应摆放在正对沙发的地方，距离一般在 2 米左右，也就是让主人落座后能正对电视机，这样会感觉整个家居布局比较正，收看电视时也会比较舒服。此外，电视机应比沙发高一点，但也不能高出太多，以人坐在沙发上看电视时，眼睛平视的高度比电视机屏幕中心略高为宜，这样观赏电视的视觉效果更好，也更有利于身体健康。

◎电视机宜摆在正对沙发的位置

◎电视机忌不正对沙发

值得借鉴的旺家案例

◎电视墙 / 仿砖纹墙纸 + 石膏板 + 灰色乳胶漆

◎电视墙 / 墙纸 + 装饰搁架 + 茶镜 + 彩色乳胶漆

◎电视墙 / 真丝手绘墙纸 + 镂空木雕贴黑镜 + 实木线装饰套

◎电视墙 / 真丝手绘墙纸 + 木花格贴茶镜

◎电视墙 / 仿古砖凹凸铺贴

◎电视墙 / 墙纸 + 石膏板雕花

◎电视墙 / 墙纸 + 中式木花格贴银镜

◎电视墙 / 墙纸 + 实木角花 + 灰镜雕花

◎电视墙 / 石膏板拓黑缝 + 杉木板背景刷白 + 布艺硬包

◎电视墙 / 墙纸 + 密度板雕花刷白贴茶镜

◎电视墙 / 墙纸 + 木线条凹凸背景

◎电视墙 / 石膏板 + 彩色乳胶漆 + 壁龛嵌银镜

◎电视墙 / 彩色乳胶漆 + 石膏板造型

◎电视墙 / 黑色烤漆玻璃 + 墙纸 + 白色乳胶漆

电视机宜挂在承重墙上

平板电视看起来轻薄，其实重量却并不轻，一台 42 英寸的液晶电视，其重量大约是 35 公斤。这样自然对安装的牢固性要求也比较高，要是砸下来的话，不仅会损坏电视造成浪费，而且还很可能伤害到人身安全，对家运不利。所以安装电视的墙面必须是实心砖、混凝土或与其强度等效的安装面。石膏板做的背景墙不适合挂电视，有掉下来的危险。此外，一般开门窗较多的墙是非承重墙，在上面挂平板电视也是不安全的。

◎电视机不宜固定在非承重墙上（1）

◎电视机不宜固定在非承重墙上（2）

值得借鉴的旺家案例

◎电视墙 / 金属马赛克 + 彩色乳胶漆 + 墙贴

◎电视墙 / 艺术彩绘 + 彩色乳胶漆 + 装饰搁板

◎电视墙 / 布艺硬包 + 密度板雕花刷白贴茶镜 + 木线条收口

◎电视墙 / 墙纸 + 木线条收口

◎电视墙 / 墙纸 + 实木角花 + 木饰面板

◎电视墙 / 墙纸 + 灰镜雕花

◎电视墙 / 皮纹砖 + 灰镜 + 壁龛内贴马赛克

◎电视墙 / 弹涂 + 木线条

◎电视墙 / 墙纸 + 木饰面板 + 装饰搁板

◎电视墙 / 石膏板 + 木线条密排

◎电视墙 / 墙纸 + 密度板雕花刷白贴银镜

◎电视墙 / 墙砖 + 茶镜 + 密度板雕花刷白

◎电视墙 / 木地板上墙 + 银镜雕花 + 装饰搁板

◎电视墙 / 砂岩浮雕 + 米白大理石

◎电视墙 / 墙纸 + 彩色乳胶漆

◎电视墙 / 啡网纹大理石 + 金属马赛克 + 密度板雕花刷白贴银镜

◎电视墙 / 墙纸 + 聚晶玻璃

电视机不宜有强光直射

◎电视机不宜有强光直射

电视墙通常会跟吊顶合为一体，而吊顶上一般都要安装照明灯，因此，墙面的造型与顶面的灯光要相呼应。此外还要注重灯光的强度和色彩，最好不要用强光直射电视机，避免加剧眼睛的疲劳，否则久而久之，会影响居住者的健康。

值得借鉴的旺家案例

◎电视墙 / 石膏板造型 + 墙纸 + 灯带

◎电视墙 / 石膏板雕花 + 墙纸

◎电视墙 / 石膏板线条 + 米黄大理石斜铺

◎电视墙 / 彩色乳胶漆 + 黑镜 + 木线条收口

◎电视墙 / 洞石 + 墙纸 + 装饰搁架

◎电视墙 / 墙纸 + 茶镜

◎电视墙 / 墙纸 + 壁龛刷彩色乳胶漆

◎电视墙 / 彩色乳胶漆 + 装饰搁板

电视机旁不宜摆设花卉与盆景

电视机旁边可以摆放一些干枝、装饰画等不具生命力的装饰品，如果将花卉、盆景摆放在电视机旁边的话，一方面它们所携带的潮气会对电视机内部精细的电子元件产生影响，导致一些大大小小的问题，缩短电视机的使用寿命；另一方面，电视机的辐射也会破坏植物生长时细胞的正常分裂，导致花木日渐枯萎，破坏家运。

◎电视机旁不宜摆设盆景

◎电视机旁不宜摆设花卉

值得借鉴的旺家案例

◎电视墙 / 木线条凹凸背景刷白 + 墙纸 + 灯带

◎电视墙 / 布艺硬包 + 银镜倒角

◎电视墙 / 木饰面板凹凸背景刷银漆

◎电视墙 / 灰色乳胶漆 + 木饰面板 + 石膏板拓缝

◎电视墙 / 墙纸 + 茶镜 + 密度板雕花刷白

◎电视墙 / 木网格 + 真丝手绘墙纸 + 回纹线条雕刻

◎电视墙 / 布艺软包凹凸背景 + 石膏板拓缝

◎电视墙 / 双色布艺软包 + 灰镜 + 木饰面板凹凸背景刷白

◎电视墙 / 墙纸 + 石膏板造型

◎电视墙 / 墙纸 + 石膏板造型 + 不锈钢装饰扣条

◎电视墙 / 皮质软包 + 密度板雕花刷白贴灰镜 + 墙纸

◎电视墙 / 墙纸 + 灰镜 + 装饰方柱刷白

◎电视墙 / 石膏板拓缝 + 墙纸 + 木网格刷白

◎电视墙 / 布艺软包 + 墙纸 + 不锈钢装饰扣条

◎电视墙 / 仿古砖 + 茶镜雕花

电视机旁不宜摆设大功率音箱

电视机不适合跟大功率音箱摆放在一起。因为当它们一起工作时，都会产生强烈的电磁场互相干扰，让电视的画面不清晰或音响效果不佳，并且不利于稳定宅运。此外，大功率音箱在工作时会产生比较强烈的震动并传给电视机，容易将电视机内部显像管灯丝震断，导致故障。

在一般的居家中，理想的音箱摆放方式是：音箱之间的距离在 2 米左右，中间没有任何东西，每个音箱和侧墙、背墙的距离在 0.5 米以上（而且通常距离越远越好），聆听者所坐位置和两个音箱成等边三角形，音箱正面微微朝内，对着聆听者。

◎电视机旁不宜摆设大功率音箱（1）

◎电视机旁不宜摆设大功率音箱（2）

值得借鉴的旺家案例

◎电视墙 / 彩色乳胶漆 + 木线条刷白

◎电视墙 / 墙纸 + 装饰搁板

◎电视墙 / 墙纸 + 杉木板背景刷白

◎电视墙 / 墙纸 + 木饰面板

◎电视墙 / 墙纸 + 夹丝玻璃 + 装饰搁板

◎电视墙 / 墙纸 + 马赛克 + 砂岩浮雕

◎电视墙 / 石膏板雕刻 + 白色乳胶漆

◎电视墙 / 墙纸 + 石膏板 + 灯带

电视机不宜靠窗摆放

如果电视机靠近窗边，光线通常比较强烈，电视机的荧光屏被光线照射时，会产生反光的效果，影响家人观看电视节目。而且，由于窗户经常打开，电视机靠窗边摆放很容易沾染尘埃和受到日晒雨淋的破坏，加速器材的老化或造成生锈短路，不仅影响电器的使用寿命，还很容易引发漏电事故，家居安全性得不到保障，自然也不利于家运。

◎电视机不宜靠窗摆放（1）

◎电视机不宜靠窗摆放（2）

值得借鉴的旺家案例

◎电视墙 / 米白大理石 + 灰镜 + 墙纸 + 不锈钢装饰扣条 + 大理石装饰框

◎电视墙 / 红砖勾白缝 + 弹涂

◎电视墙 / 木纹砖 + 中式木花格贴银镜 + 石膏板拓缝

◎电视墙 / 墙纸 + 洞石 + 灯带

◎电视墙 / 白色乳胶漆 + 木花格

◎电视墙 / 米黄大理石 + 酒格 + 木线条收口

◎电视墙 / 墙纸 + 实木线装饰套 + 灯带

◎电视墙 / 墙纸 + 石膏板 + 彩色乳胶漆

◎电视墙 / 石膏板拓缝 + 仿古砖

◎电视墙 / 啡网纹大理石 + 木饰面板凹凸背景刷白

◎电视墙 / 爵士白大理石 + 马赛克 + 实木线装饰套刷白

◎电视墙 / 木纹砖 + 马赛克 + 木饰面板

◎电视墙 / 布艺软包 + 银镜 + 灰镜

◎电视墙 / 墙纸 + 木饰面板装饰框刷白